Marcelo Antonio Sobrevila

CORRIENTES POLIARMONICAS

en circuitos monofásicos y trifásicos
para sistemas de energía y electrónica

1ª. Edición
2001

LIBRERIA Y EDITORIAL ALSINA

PARANA 137 - BUENOS AIRES - ARGENTINA
TEL.(54)(011)4373-2942 Y TELEFAX (54)(011)4371-9309

Sobrevila, Marcelo Antonio
   Corrientes poliarmónicas : en circuitos monofásicos y trifásicos . - 1a ed. - Ciudad Autónoma de Buenos Aires : Librería y Editorial Alsina, 2013.
   52 p. ; 20x14 cm.

   ISBN 978-950-553-242-1

   1. Electrotecnia. 2. Electricidad.
   CDD 621.3

Fecha de catalogación: 28/05/2013

IMPRESO EN ARGENTINA

I.S.B.N. 978-950-553-242-1

El tema de las corrientes poliarmónicas aparece -frecuentemente- en los diversos cursos de Electrónica, Electrotecnia, Teoría de los Circuitos, Análisis de Redes Eléctricas, Procesamiento de las Señales, Circuitos Eléctricos de Potencia y otros, en varias carreras de ingeniería. Este trabajo permite al estudiante iniciarse en el análisis de los circuitos eléctricos y electrónicos, cuando ellos están sometidos a señales alternas que no son exactamente sinusoidales. Supone el conocimiento -a nivel universitario- de la teoría básica de dichos circuitos y permite abordar luego otros tratados mas profundos

prof. ing. Marcelo Antonio Sobrevila

4

INDICE GENERAL

PRÓLOGO DEL AUTOR, pág. 3.

TEMA 1:
Poliarmónicas en Circuitos Monofásicos, pág. 7.

TEMA 2:
Casos de Corrientes Poliarmónicas, pág. 13.

TEMA 3:
Condiciones de Simetría, pág. 19.

TEMA 4:
Cálculo Analítico de las Componentes, pág. 23.

TEMA 5:
Circuitos con Poliarmónicas, pág. 25.

TEMA 6:
Poliarmónicas en Circuitos Trifásicos, pág. 29.

TEMA 7:
Potencia en Poliarmónicas, pág. 33.

TEMA 8:
Forma de onda de la corriente en bobinas con núcleo de hierro, pág. 37.

TEMA 9:
Ejemplos Resueltos, pág. 41.

Indice General

APÉNDICE
Bibliografía Consultada, pág. 49.

AUTOR
Curriculum, pág. 51.

TEMA 1

POLIARMÓNICAS EN CIRCUITOS MONOFÁSICOS

El estudio de la corriente alterna en los cursos universitarios, sea para aplicarlo en *Sistemas de Energía* como para emplearlo en *Electrónica*, supone inicialmente que la excitación provista por las fuentes de tensión es de naturaleza sinusoidal pura. Es lo que se suele llamar, régimen sinusoidal. Por esta causa, las corrientes de ese tipo -recordemos- tienen por expresión la siguiente:

$$i = I_{mx}\ sen\ \omega\ t = \sqrt{2}\ I\ sen\ \omega\ t \qquad\qquad \textbf{(01)}$$

En esta fórmula, los componentes tienen el siguiente significado:

i = *valor instantáneo de la corriente*

I_{mx} = *valor máximo de la corriente* = $\sqrt{2}\ I$

I = *valor eficaz de la corriente*

ω = *pulsación* = $2\pi\ f = 2\pi\ \dfrac{1}{T}$

f = *frecuencia* = $\dfrac{1}{T}$

T = *período*

t = *tiempo (variable independiente)*

Algunas de estas cantidades aparecen en la figura 1.

Pero los generadores comerciales de todo tipo, sea en el campo de las corrientes industriales como en el campo de la electrónica, si bien han alcanzado un alto grado de perfección, no cumplen estrictamente con esta condición. En muchos casos alcanza con suponer a las corrientes alternas como perfectamente

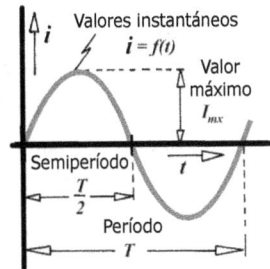

Fig. 1 Corriente alterna en régimen sinusoidal

sinusoidales, pero en otros es menester ser más rigurosos. Tanto los generadores que alimentan las redes de energía eléctrica, como los que se emplean en Electrónica -en este último caso se los suele llama "fuentes"- tienen diversas imperfecciones que impiden obtener de ellos una tensión perfectamente sinusoidal. Esta circunstancia obliga a estudiar corrientes y tensiones que son **solamente periódicas,** como mostramos en los dos casos de la figura 2.

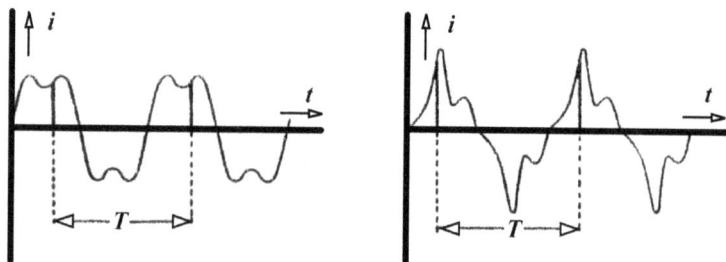

Fig. 2 Corrientes alternas simplemente periódicas

Las ondas que presentan la propiedad de repetir sus valores a intervalos iguales llamados períodos, admiten ser descompuestas en una serie de ondas sinusoidales puras como se verá a continuación. Esto presenta muchas ventajas prácticas en el tratamiento de las corrientes reales no perfectas.

Veamos un poco de matemática auxiliar. Según el matemático francés Juan Bautista José Fourier (1768-1830), una **función periódica** puede ser representada por medio de una serie de la forma siguiente:

$$y = f(\alpha) = A_1 \, sen\, \alpha + A_2 \, sen\, 2\,\alpha + A_3 \, sen\, 3\,\alpha + \cdots + A_n \, sen\, n\,\alpha +$$
$$B_o + B_1 \, cos\ \alpha + B_2 \, cos\ 2\,\alpha + B_3 \, cos\ 3\,\alpha + \cdots + B_n \, cos\ n\,\alpha \qquad \textbf{(02)}$$

A cada uno de los sumandos de estas series se los llama armónicas. En forma un poco más compacta, esta expresión se puede escribir del siguiente modo:

$$y = f(\alpha) = B_o + \sum_{n=1}^{n=\infty} A_n \, sen\ n\alpha + \sum_{n=1}^{n=\infty} B_n \, cos\ n\alpha \qquad \textbf{(03)}$$

En esta última, B_O es una **cantidad constante independiente del**

tiempo, mientras que A_1, A_2, A_3 ... A_n y B_1, B_2, B_3 ... B_n son las **amplitudes de las diversas armónicas**. Las expresiones (02) y (03) son, en general, serie infinitas, pero en la práctica alcanza con tomar solo unos pocos sumandos para representar a una corriente poliarmónica. Esto lo comprobaremos en los ejemplos resueltos del Tema 9.

No obstante, se prefiere emplear en las aplicaciones técnicas, una expresión más sencilla, recurriendo a los razonamientos que siguen. Tomamos la figura 3 y de ella sacamos algunas relaciones que luego emplearemos.

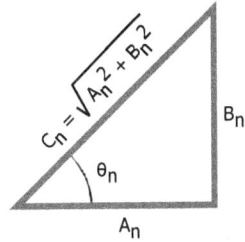

Fig. 3 Triángulo auxiliar

$$C_n = \sqrt{A_n^{\,2} + B_n^{\,2}} \qquad (04)$$

$$cos\,\theta = \frac{A_n}{\sqrt{A_n^{\,2} + B_n^{\,2}}} \qquad (05)$$

$$sen\,\theta = \frac{B_n}{\sqrt{A_n^{\,2} + B_n^{\,2}}} \qquad (06)$$

$$tg\,\theta_n = \frac{B_n}{A_n} \qquad \text{o mejor} \qquad \theta_n = tg^{-1}\frac{B_n}{A_n} \qquad (07)$$

Tomamos ahora pares de términos de la (02);

$$A_n\,sen\,n\alpha + B_n\,cos\,n\alpha \qquad (08)$$

y los dividimos y multiplicamos a cada uno por;

$$\sqrt{A_n^{\,2} + B_n^{\,2}} \qquad (09)$$

Obtenemos;

$$\sqrt{A_n^{\,2} + B_n^{\,2}}\left[sen\,n\alpha\,\frac{A_n}{\sqrt{A_n^{\,2} + B_n^{\,2}}} + cos\,n\alpha\,\frac{B_n}{\sqrt{A_n^{\,2} + B_n^{\,2}}} \right] \qquad (10)$$

Combinando con las del grupo (04) , (05) , (06) y (07) podemos afirmar:

$$\sqrt{A_n^2 + B_n^2}\,[sen\,n\alpha.cos\,\theta_n + cos\,n\alpha.sen\,\theta]\qquad \textbf{(11)}$$

Esta se simplifica finalmente en la siguiente forma:

$$\sqrt{A_n^2 + B_n^2}\,.sen(\,n\alpha+\theta_n\,)=C_n\,.sen(\,n\alpha+\theta_n\,)\qquad \textbf{(12)}$$

Haciéndo los desarrollos indicados y con ayuda de las expresiones hasta aquí vistas, es posible obtener:

$$C_n\,sen\,n\,\alpha.cos\,\theta_n + C_n\,cos\,n\,\alpha.sen\,\theta_n = C_n\,sen\,n\alpha\,\frac{A_n}{C_n}+C_n\,cos\,n\alpha\,\frac{B_n}{C_n}=$$
$$=A_n\,sen\,n\,\alpha+B_n\,cos\,n\alpha\qquad \textbf{(13)}$$

Aplicando a cada armónica, podemos apreciar que:

$$C_1\,sen(\,\alpha+\theta_1\,)=A_1\,sen\alpha+B_1\,cos\,\alpha\qquad \textbf{(14a)}$$

$$C_2\,sen(\,2\alpha+\theta_2\,)=A_2\,sen\,2\alpha+B_2\,cos\,2\alpha\qquad \textbf{(14b)}$$

....

$$C_n\,sen(\,n\alpha+\theta_2\,)=A_n\,sen\,n\alpha+B_n\,cos\,n\alpha\qquad \textbf{(14c)}$$

Empleando esta última, la (02) se puede escribir finalmente;   **(15)**

$$y=f(\alpha)=B_o+C_1\,sen(\,\alpha+\theta_1\,)+C_2\,sen(\,2\alpha+\theta_2\,)+\cdots+sen(\,n\alpha+\theta_n\,)$$

Esta es la notación matemática corriente. Pero como en este estudio estamos aplicando el desarrollo en serie de Fourier a corrientes eléctricas (o tensiones) conviene adoptar la forma de escritura usual en Electrotecnia y Electrónica. Cambiaremos por esta causa las letras y **dejaremos los valores máximos expresados por medio del valor eficaz, multiplicado por** $\sqrt{2}$. Seguiremos este procedimiento de aquí en adelante. Por esta causa, la expresión de una **corriente poliarmónica** nos queda como sigue:

$$i=I_0+\sqrt{2}\,I_1\,sen\,(\,\omega t+\theta_1\,)+\sqrt{2}\,I_2\,sen\,(\,2\omega t+\theta_2\,)+\cdots+\sqrt{2}\,I_n\,sen\,(\,n\omega t+\theta_n\,)$$
$$(recordando\ que:\ I_{mx\,1}=\sqrt{2}\,I_1\ ;\ I_{mx\,2}=\sqrt{2}\,I_2\ ;\ I_{mx\,n}=\sqrt{2}\,I_n\,)\quad \textbf{(16)}$$

A cada sumando de esta serie infinita lo llamamos **armónica**, y los valores $\sqrt{2}I_1$, $\sqrt{2}I_2$, $\sqrt{2}I_3$ .... $\sqrt{2}I_n$ se entiende que son los **valores máximos** de cada armónica, con I_1 , I_2 , I_3 , ... I_n los correspondientes valores eficaces de cada una de ellas. El valor I_0 es la **componente de corriente continua**.

Queda así demostrado que una corriente periódica puede considerarse como la suma de una magnitud constante I_0 llamada **componente de corriente continua**, mas una serie de corrientes sinusoidales puras llamadas **armónicas**. Es de hacer notar que la **primera armónica** o **fundamental**, tiene una pulsación **ω** igual a la de la onda periódica resultante (Igual frecuencia y período). La **segunda armónica** tiene una pulsación doble **2ω**, la **tercera armónica** tiene una pulsación triple **3ω**, y así sucesivamente.

CASOS DE CORRIENTES POLIARMÓNICAS

Veremos en este tema varios casos de corrientes poliarmónicas que se presentan en los circuitos comunes de la Electrónica y los Sistemas de Potencia. Por medio de la figura 4 mostramos el caso de una componente continua, mas la primera armónica o fundamental.

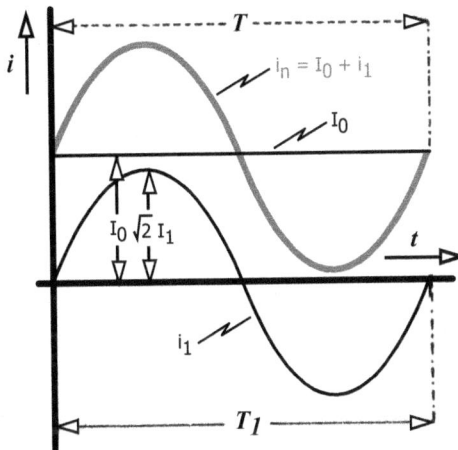

Fig. 4 Corriente continua y primera armónica

La expresión analítica resulta ser:

$$i = I_o + i_1 = I_o + \sqrt{2}\, I_1\, sen\, \omega t \qquad (17)$$

En figura 5 tenemos la resultante de 1ra. armónica y 2da. armónica. La expresión analítica para dicha ilustración es:

$$i = i_1 + i_2 = \sqrt{2}\, I_1\, sen\, \omega t + \sqrt{2}\, I_2\, sen\, 2\, \omega t \qquad (18)$$

La figura 6 nos muestra la poliarmónica formada por primera y tercera armónica.

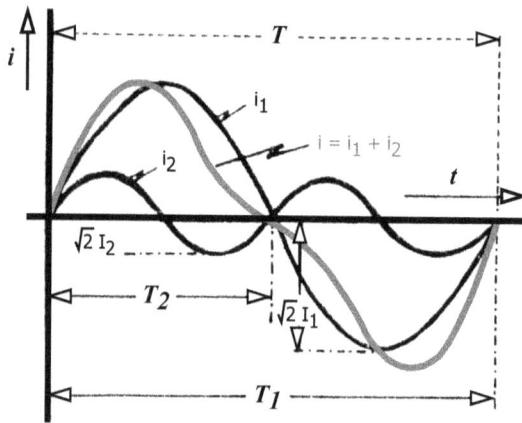

Fig. 5 Primera y segunda armónica

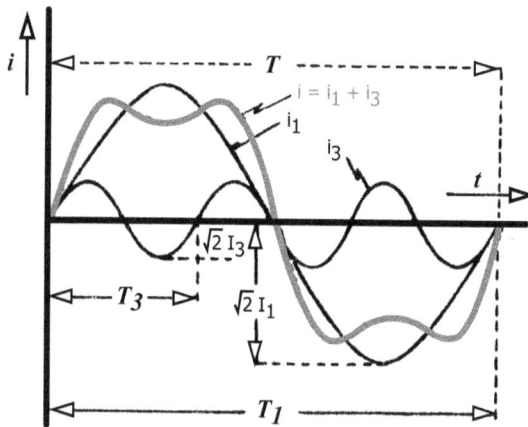

Fig. 6 Primera y tercera armónica

La expresión analítica en este caso es:

$$i = i_1 + i_3 = \sqrt{2}\, I_1\, sen\, \omega t + \sqrt{2}\, I_3\, sen\, 3\, \omega t \qquad \textbf{(19)}$$

Obsérvese que en los tres casos recién tratados, el período **T** de la onda periódica es igual al período de la primera armónica, situación que caracteriza a todas las funciones periódicas.

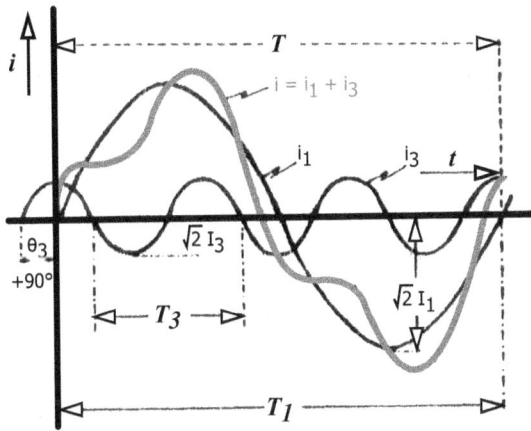

Fig. 7 Primera y tercera armónica, con defasaje– 90°

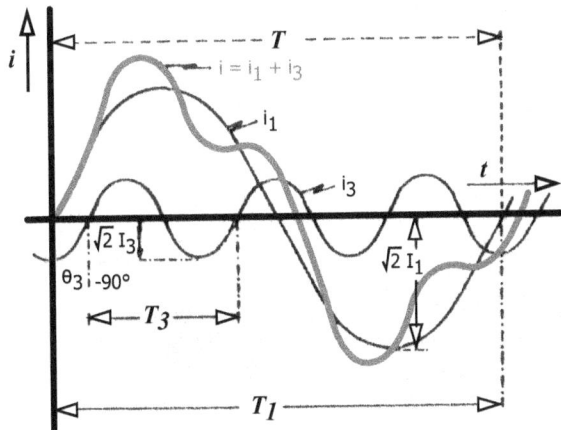

Fig. 8 Primera y tercera armónica, con defasaje+ 90°

Las figuras 7, 8 y 9 vuelven a enseñarnos la composición de primera

y tercera armónica, pero en cada caso la tercera armónica está despla-
zada -o mejor dicho, está **defasada**- un cierto ángulo respecto al origen
de tiempos, lo que hace variar sustancialmente la forma de la poliarmónica resultante. Los defasajes son:

$$\theta_3 = + 90^o \quad ; \quad \theta_3 = - 90^o \quad ; \quad \theta_3 = - 180^o \qquad \textbf{(20)}$$

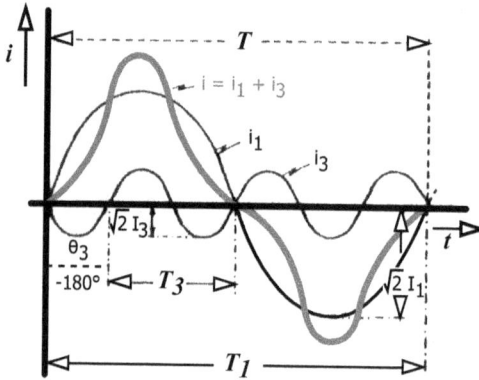

Fig. 9 Primera y tercera armónica, con defasaje– 180º

Las expresiones analíticas de estos tres casos son las que siguen:

$$i = i_1 + i_3 = \sqrt{2}\, I_1\, sen\, \omega t + \sqrt{2}\, I_3\, sen(\, 3\, \omega t + 90^o\,) \qquad \textbf{(21)}$$

$$i = i_1 + i_3 = \sqrt{2}\, I_1\, sen\, \omega t + \sqrt{2}\, I_3\, sen(\, 3\, \omega t - 90^o\,) \qquad \textbf{(22)}$$

$$i = i_1 + i_3 = \sqrt{2}\, I_1\, sen\, \omega t + \sqrt{2}\, I_3\, sen(\, 3\, \omega t - 180^o) \qquad \textbf{(23)}$$

En las las ilustraciones 10 y 11, hemos agregado además la quinta y
luego la séptima armónicas, pudiéndose apreciar como la onda poliarmónica tiende a modificar su forma.

Las expresiones analíticas de éstas últimas son las que siguen.

$$i = i_1 + i_3 + i_5 = \sqrt{2}\, I_1\, sen\, \omega t + \sqrt{2}\, I_3\, sen\, 3\, \omega t + \sqrt{2}\, I_5\, sen\, 5\, \omega t \qquad \textbf{(24)}$$

$$i = i_1 + i_3 + i_5 + i_7 = \sqrt{2}\, I_1\, sen\ \omega t + \sqrt{2}\, I_3\, sen\, 3\,\omega t +$$
$$+ \sqrt{2}\, I_5\, sen\, 5\,\omega t + \sqrt{2}\, I_7\, sen\, 7\,\omega t \qquad \textbf{(25)}$$

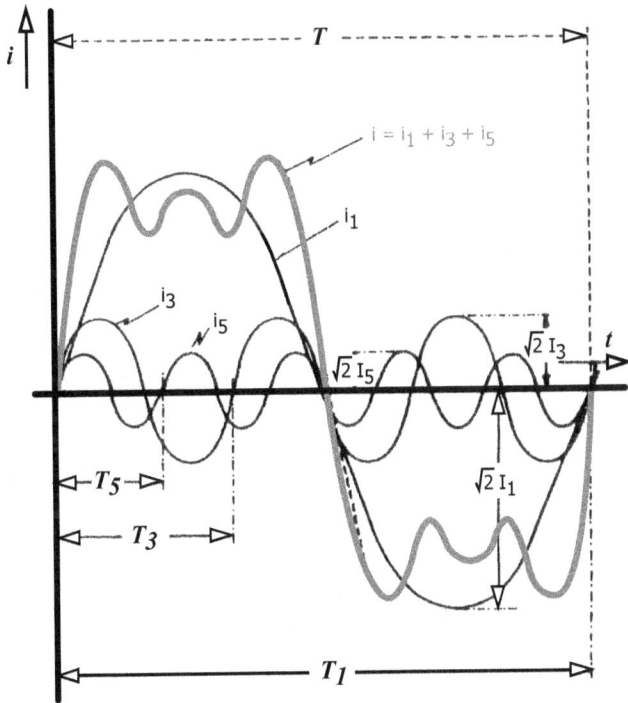

Fig. 10 *Primera, tercera y quinta armónicas*

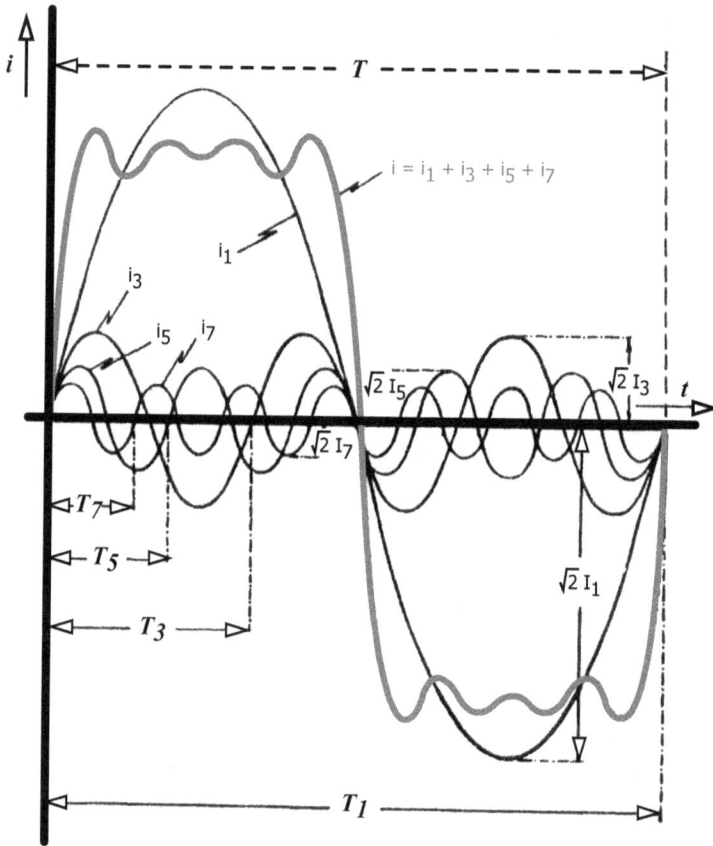

Fig. 11 Primera, tercera, quinta y séptima armónicas

CONDICIONES DE SIMETRÍA

Las oscilaciones eléctricas que se emplean en Electrónica y en Sistemas de Potencia, tienen ciertas particularidades de simetría con respecto a determinados ejes, lo que hace necesario estudiar esta particularidad. Para ello acudiremos a la figura 12.

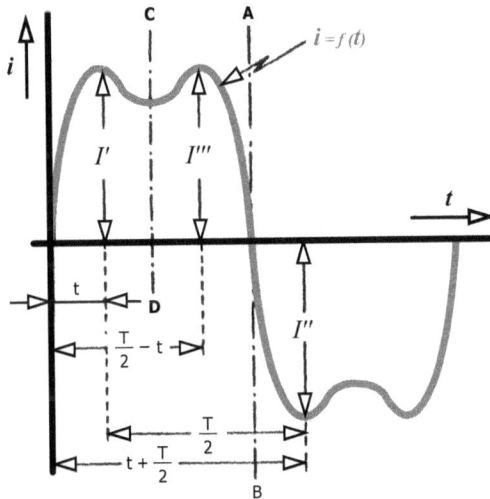

Fig. 12 Poliarmónica genérica, con simetrías

Se dice que una onda es simétrica de medio período, cuando una ordenada del primer semiperíodo, es igual pero de distinto signo que una del segundo semiperíodo que está distanciada $T/2$. Lo dicho se puede apreciar en la figura 12, dado que la ordenada I' es de igual valor que la I'' pero de distinto signo y la simetría es con referencia al eje **A-B**.

Esta condición se puede expresar matemáticamente por medio de la siguiente ecuación:

$$(I' = - I'') \quad \Rightarrow \quad f(t) = -f\left(t + \frac{T}{2}\right) \tag{26}$$

Para aclarar ideas, propongámos un ejemplo. Supongamos que tenemos una poliarmónica completa del siguiente tipo:

$$i = \sqrt{2}\, I_1\, sen(\omega t + \theta_1) + \sqrt{2}\, I_2\, sen(2\omega t + \theta_2) + \sqrt{2}\, I_3\, sen(3\omega t + \theta_3) + \cdots$$
$$\cdots + \sqrt{2}\, I_n\, sen(n\omega t + \theta_n) \tag{27}$$

Si esta onda resulta simétrica de medio período, al aplicar para el tiempo t otro valor t' pero que cumpla la condición establecida, la función deberá cambiar de signo, pero conservando su valor absoluto. Para verificarlo, efectuamos entonces el reemplazo de t por t' sacado de la (26) y vemos que sale.

$$t' = t + \frac{T}{2} \tag{28}$$

$$i = \sqrt{2}\, I_1\, sen\left[\omega\left(t + \frac{T}{2}\right) + \theta_1\right] + \sqrt{2}\, I_2\, sen\left[2\omega\left(t + \frac{T}{2}\right) + \theta_2\right] +$$
$$+ \sqrt{2}\, I_3\, sen\left[3\omega\left(t + \frac{T}{2}\right) + \theta_3\right] + \cdots + \sqrt{2}\, I_n\, sen\left[n\omega\left(t + \frac{T}{2}\right) + \theta_n\right] \tag{29}$$

Haciendo las operaciones indicadas, nos resulta una nueva fórmula:

$$i = \sqrt{2}\, I_1\, sen\left(\omega t + \frac{\omega T}{2} + \theta_1\right) + \sqrt{2}\, I_2\, sen(2\omega t + \omega T + \theta_2) +$$
$$+ \sqrt{2}\, I_3\, sen\left(3\omega t + \frac{3}{2}\omega T + \theta_3\right) + \cdots + \sqrt{2}\, I_n\, sen\left(n\omega t + \frac{n}{2}\omega T + \theta_n\right) \tag{30}$$

Ahora es necesario recordar que la pulsación vale $\omega = 2\pi/T$, y aplicarla, obteniendo;

$$i = \sqrt{2}\, I_1\, sen(\omega t + \pi + \theta_1) + \sqrt{2}\, I_2\, sen(2\omega t + 2\pi + \theta_2) +$$
$$+ \sqrt{2}\, I_3\, sen(3\omega t + 3\pi + \theta_3) + \cdots + \sqrt{2}\, I_n\, sen(n\omega t + n\pi + \theta_n) \tag{31}$$

Con esta última expresión deducimos que todas las armónicas **pares** (2, 4, 6, ...) contienen múltiplos pares del número π (2π, 4π, 6π, 8π, ...), de tal manera que su valor resulta inalterado. En cambio, las armónicas **impares** (1, 3, 5, 7,...) contienen múltiplos impares de π (π, 3π, 5π, 7π, ...) y su valor cambia de signo, quedando en consecuencia:

$$i = -\sqrt{2}\ I_1\ sen(\omega t + \theta_1) + \sqrt{2}\ I_2\ sen(2\omega t + \theta_2) - \sqrt{2}\ I_3\ sen(3\omega t + \theta_3) + \cdots$$
$$\cdots + \sqrt{2}\ I_n\ sen(n\omega t + \theta_n) \tag{32}$$

Como la condición de simetría es que la función cambie de signo, para que una corriente sea simétrica de medio período solo debe contener armónicas impares, que son las únicas que cumplen la condición dada por la formula (26).

Como la gran mayoría de las corrientes utilizadas en la práctica son simétricas de medio período, resulta que sus expresiones analíticas solo contienen armónicas impares, es decir, tienen la siguiente expresión:

$$i = \sqrt{2}\ I_1\ sen(\omega t + \theta_1) + \sqrt{2}\ I_3\ sen(3\omega t + \theta_3) + \sqrt{2}\ I_5\ sen(5\omega t + \theta_5) + \cdots$$
$$\cdots + \sqrt{2}\ I_7\ sen(7\omega t + \theta_7) + \cdots \tag{33}$$

Se dice además que una onda es **simétrica de cuarto de período**, cuando cumple la condición **I' = I'''** , es decir, cuando un valor es igual en signo y en magnitud a otro referido a un eje de simetría **C-D** de la figura 12. Esta nueva condición de simetría se puede dejar establecida por medio de la siguiente condición:

$$(I' = I''') \quad \Rightarrow \quad f(t) = f\left(\frac{T}{2} - t\right) \tag{34}$$

Aplicando esta condición otra vez a la fórmula (27), debemos tomar en vez del tiempo t , un valor dado por la siguiente, basado en el valor de la pulsación $\omega = 2\pi/T$:

$$t' = \frac{T}{2} - t = \frac{\pi}{\omega} - t \tag{35}$$

Tomamos un término genérico cualquiera y le aplicamos la (27):

$$sen\left(n\omega t+\theta_n\right) \qquad \textbf{(36)}$$

$$sen\left[n\omega\left(\frac{\pi}{\omega}-t\right)+\theta_n\right]=sen\left(n\pi-n\omega t+\theta_n\right) \qquad \textbf{(37)}$$

La (36) y la (37) solo pueden ser iguales para valores impares de **n** y para **$\theta_n = 0$**. Por lo tanto, ***una onda puede ser simétrica de cuarto de período, si su expresión general resulta igual a la siguiente***;

$$i=\sqrt{2}\ I_1\ sen\ \omega t+\sqrt{2}\ I_3\ sen\ 3\omega t+\sqrt{2}\ I_5\ sen\ 5\omega t+\cdots\cdots \qquad \textbf{(38)}$$

Nótese que la (38) difiere de la (33) solo en que le faltan los ángulos de defasaje de cada armónica respecto al origen de tiempos. Por lo tanto, una onda simétrica de cuarto de período, es un caso particular de la onda simétrica de medio período. Las simétricas de cuarto de período son asimismo simétricas de medio período.

CÁLCULO ANALÍTICO DE LAS COMPONENTES

Un problema frecuente en la ingeniería es, disponiendo de la curva representativa de una poliarmónica, encontrar su expresión matemática. La demostración de este desarrollo debe buscarse en tratados de Matemática más detallados que este texto (ver bibliografía) y aquí solo lo describiremos operativamente.

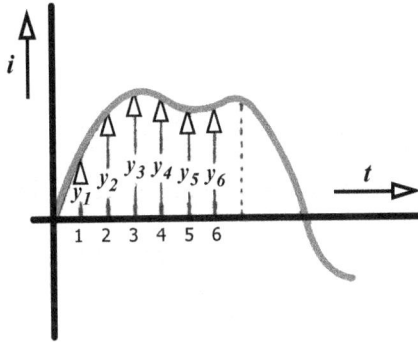

Fig. 13 Toma de valores en una poliarmónica cualquiera

En figura 13 tenemos una onda cualquiera, que puede ser la obtenida en un oscilógrafo a rayos catódicos y otro medio cualquiera. Dividimos el período π en segmentos iguales y tendremos n ordenadas de valores y_1, y_2, ..., y_n . Según se demuestra en Matemática, las componentes para una armónica genérica i resultan las siguientes:

$$A_i = \frac{2}{\pi}\left[y_1 \; sen \; i\frac{\pi}{n} + y_2 \; sen \; 2 \; i\frac{\pi}{n} + y_3 \; sen \; 3 \; i\frac{\pi}{n} + \cdots\cdots + y_n \; sen \; n \; i\frac{\pi}{n} \right] \textbf{ (39)}$$

$$B_i = \frac{2}{\pi}\left[y_1 \; cos \; i\frac{\pi}{n} + y_2 \; cos \; 2 \; i\frac{\pi}{n} + y_3 \; cos \; 3 \; i\frac{\pi}{n} + \cdots\cdots + y_n \; cos \; n \; i\frac{\pi}{n} \right] \textbf{ (40)}$$

$$I_i = \sqrt{A_i^2 + B_i^2} \qquad \text{y} \qquad \theta_i = tg^{-1} \frac{B_i}{A_i} \qquad \textbf{(41)}$$

Finalmente, en el caso de existir un término I_o que revela la existencia de una corriente continua, por ser asimétrica respecto al eje de los tiempos, ésta valdrá:

$$I_0 = \frac{1}{n} \left[y_1 + y_2 + y_3 + \cdots + y_n \right] \qquad \textbf{(42)}$$

CIRCUITOS CON POLIARMÓNICAS

El estudio de un circuito recorrido por una corriente poliarmónica, conviene hacerlo por medio del **Teorema de Superposición**. Para ello se supone que cada armónica de la tensión, cumple su misión con independencia de las restantes. Esta idea se ha graficado en la figura 14:

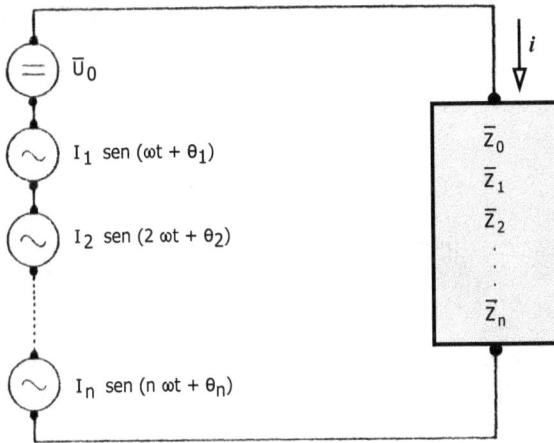

Fig. 14 Varios generadores alimentando una impedancia

Admitamos que el circuito contiene *resistencia* **R**, *autoinducción* **L** y *capacidad* **C**, constituyendo una impedancia de valor:

$$\overline{Z} = R + j\,\omega\,L - j\,\frac{1}{\omega\,C} = R + j\,X_L - j\,X_C = R + j\,(X_L - X_C) = R + j\,X \quad \textbf{(43)}$$

El módulo y argumento son los conocidos:

$$Módulo \quad \overline{Z} = \sqrt{R^2 + X^2} \qquad Argumento \quad \varphi = tg^{-1}\frac{X}{R} \qquad \textbf{(44)}$$

Admitamos que -como en los casos mas comunes- la tensión poliarmónica de alimentación es simétrica de medio período y no contiene componente de corriente continua.

$$i = \sqrt{2}\ I_1\ sen(\omega t + \theta_1) + \sqrt{2}\ I_3\ sen(3\omega t + \theta_3) + \sqrt{2}\ I_5\ sen(5\omega t + \theta_5) + \cdots \quad \textbf{(45)}$$

Por el mencionado teorema de superposición, **cada armónica cumple su misión con independencia de las otras**. Pero como todas son de diferente frecuencia, hay que observar que las reactancias X_L y X_C se comportan de diferente manera. La resistencia, en vez, ofrece un valor único a las poliarmónicas, salvo que se deba tener en cuenta el efecto pelicular ("efecto skin"), que para frecuencias no muy altas, no interviene. Por ello, cada componente tendrá los siguientes valores instantáneos de corriente:

$$i_1 = \frac{\sqrt{2}\ U_1}{Z_1}\ sen\ (\omega t + \theta_1 - \varphi_1)$$

$$i_3 = \frac{\sqrt{2}\ U_3}{Z_3}\ sen\ (3\omega t + \theta_3 - \varphi_3)$$

. . . .

$$i_n = \frac{\sqrt{2}\ U_n}{Z_n}\ sen\ (n\omega t + \theta_n - \varphi_n) \quad \textbf{(46)}$$

Los valores de φ_n son los de los ángulos de defasaje de cada armónica de tensión, con respecto a la corriente que produce. Recordemos además que las sucesivas cantidades:

$$I_n = \frac{\sqrt{2}\ U_n}{Z_n} \quad \textbf{(47)}$$

son los valores máximos de cada función, iguales a $U_{mxn} = \sqrt{2}\ U_n$.

En cualquiera de éstas, el módulo y el argumento de las impedancias correspondientes a cada armónica son:

$$Z_n = \sqrt{R^2 + \left(n\omega L - \frac{1}{n\omega C}\right)^2}$$

$$\varphi_n = tg^{-1} \frac{n\omega L - \dfrac{1}{n\omega C}}{R} \quad \textbf{(48)}$$

Siendo en todos los casos ω = 2 π f₁ (de primera armónica)

Por aplicación del **Teorema de Superposición**, la corriente que circulará por la impedancia, es la suma de las (46)

$$i = i_1 + i_3 + i_5 + \cdots\cdots + i_n \qquad\qquad \textbf{(49)}$$

Se observa que la impedancia tiene componentes que se comportan según la armónica que los recorre. En cuanto al valor eficaz de la poliarmónica, se puede demostrar -no lo hacemos en este texto- que está dado por el valor medio cuadrático de la (49);

$$I = \sqrt{I_1^2 + I_3^2 + \cdots\cdots} \qquad\qquad \textbf{(50)}$$

Finalizamos señalando que si para una cualquiera de las armónicas se llega a cumplir la condición que enseguida indicamos, esa armónica entra en resonancia y el valor de la corriente de esa frecuencia se magnifica sobre las otras.

Condición de resonancia: $\quad n\,\omega\,L - \dfrac{1}{n\,\omega\,C} = 0 \qquad\qquad \textbf{(51)}$

TEMA 6

POLIARMÓNICAS EN CIRCUITOS TRIFÁSICOS

Los sistemas polifásicos de energía también tienen corrientes polifásicas. Si bien los generadores eléctricos actuales son muy perfectos, la onda generada no es absolumente sinusoidal, aunque debe advertirse que son simétricas de medio y cuarto de período. Esto se debe a que la distribución del flujo magnético en el entrehierro de los alternadores, no puede ser teóricamente sinusoidal.

Por lo tanto, en la figura 15 mostramos un sistema trifásico de distribución de energía eléctrica, tetrafilar con neutro, por el cual circula en cada conductor una corriente poliarmónica.

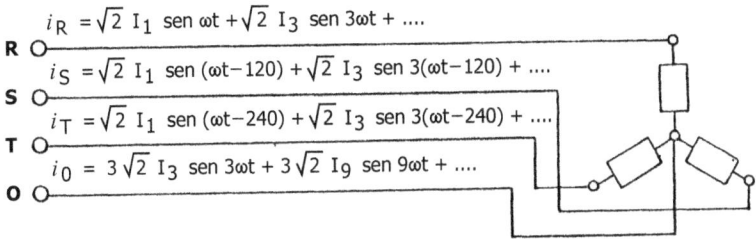

$$i_R = \sqrt{2}\ I_1\ \text{sen}\ \omega t + \sqrt{2}\ I_3\ \text{sen}\ 3\omega t + \ldots$$

$$i_S = \sqrt{2}\ I_1\ \text{sen}\ (\omega t - 120) + \sqrt{2}\ I_3\ \text{sen}\ 3(\omega t - 120) + \ldots$$

$$i_T = \sqrt{2}\ I_1\ \text{sen}\ (\omega t - 240) + \sqrt{2}\ I_3\ \text{sen}\ 3(\omega t - 240) + \ldots$$

$$i_0 = 3\sqrt{2}\ I_3\ \text{sen}\ 3\omega t + 3\sqrt{2}\ I_9\ \text{sen}\ 9\omega t + \ldots$$

Fig. 15 Red trifásica de energía con neutro

Vamos a tratar dos casos que interesan en Máquinas Eléctricas y en Redes de Transmisión y Distribución. El primero lo vemos en la misma figura 15 y consiste en una red tetrafilar con tres cargas, que son **impedancias conectadas en estrella**, como se ve en la parte derecha de dicha figura.

$$i_R = \sqrt{2}\ I_1\ sen\ \omega t + \sqrt{2}\ I_3\ sen\ 3\omega t + \sqrt{2}\ I_5\ sen\ 5\omega t + \cdots \qquad \textbf{(52a)}$$

$$i_S = \sqrt{2}\ I_1\ sen\ (\omega t - 120) + \sqrt{2}\ I_3\ sen\ 3(\omega t - 120) + \sqrt{2}\ I_5\ sen\ 5(\omega t - 120) + \cdots \textbf{(52b)}$$

$$i_T = \sqrt{2}\ I_1\ sen\ (\omega t - 240) + \sqrt{2}\ I_3\ sen\ 3(\omega t - 240) + \sqrt{2}\ I_5\ sen\ 5(\omega t - 240) + \cdots \textbf{(52c)}$$

Las cantidades i_R, i_S e i_T son los valores instantáneos de las corrientes que circulan por cada una de los tres conductores **R**, **S** y **T**. Los valores 120 y 240, son los defasajes de las fases *S* y *T* respecto a la fase *R*, siendo negativos porque se supone que la red es de secuencia positiva. Las expresiones (52a), (52b) y (52c) representan a un **sistema polifásico y poliarmónico**. La corriente que pasa por el conductor neutro **O**, se puede determinar, recordando que debe ser la suma de las otras tres, conforme la primera regla de Kirchhoff aplicada al empalme de las tres impedancias de carga;

$$i_0 = i_R + i_S + i_T \qquad\qquad \textbf{(53)}$$

Reemplazando en esta última las tres anteriores, haciendo los desarrollos de las funciones seno de una diferencia y luego simplificando, resulta finalmente;

$$i_0 = 3\sqrt{2}\ I_3\ sen\ 3\omega t + 3\sqrt{2}\ I_9\ sen\ 9\omega t + 3\sqrt{2}\ I_{15}\ sen\ 15\omega t + \cdots \textbf{(54)}$$

Queda demostrado de esta manera que, aún en el caso de tratarse de un circuito simétrico y equilibrado (sistema perfecto), cuando las corrientes son poliarmónicas, por el neutro circula una corriente muy particular.

En el caso de ser corrientes sinusoidales perfectas, sabemos que la corriente por el neutro es absolutamente nula en los sistemas simétricos y equilibrados. Nótese -observando la (54)- que las armónicas que circulan son múltiplos de tres, por lo que se dice que en los sistemas polifásicos y poliarmónicos conectados en estrella, **por el neutro circulan las armónicas múltiplos de tres**.

En algunos casos, estas corrientes ocasionan perturbaciones en las redes telefónicas o electrónicas, porque sus frecuencias pueden ser del mismo orden que muchas de las empleadas en esos sistemas.

Un segundo caso muy interesante se puede estudiar con ayuda de figura 16, que representa a tres impedancias que se conectan en tri-

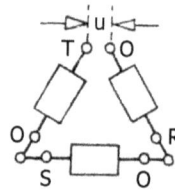

Fig. 16 Caso de una conexión en triángulo

ángulo, aunque en el dibujo, no se cerró el circuito para poder hacer la demostración.

Vamos a suponer que en cada una de las impedancias (que pueden ser los secundarios de un transformador trifásico conectado en triángulo), se tienen las siguientes tensiones:

$$u_{OR} = \sqrt{2}\ U_1\ sen\omega t + \sqrt{2}\ U_3\ sen3\omega t + \sqrt{2}\ U_5\ sen5\omega t + \cdots \quad \textbf{(55a)}$$

$$u_{OS} = \sqrt{2}\ U_1\ sen(\omega t - 120) + \sqrt{2}\ U_3\ sen3(\omega t - 120) +$$
$$+ \sqrt{2}\ U_5\ sen5(\omega t - 120) + \cdots \quad \textbf{(55b)}$$

$$u_{OT} = \sqrt{2}\ U_1\ sen(\omega t - 240) + \sqrt{2}\ U_3\ sen3(\omega t - 240) +$$
$$+ \sqrt{2}\ U_5\ sen5(\omega t - 240) + \cdots \quad \textbf{(55c)}$$

Si el triángulo no se cierra -provisoriamente, como indica la figura 16- entre los terminales *OT*, aparece una tensión que por regla de Kircchoff debe ser la suma de las tres anteriores, es decir;

$$u = u_{OR} + u_{OS} + u_{OT} \quad \textbf{(56)}$$

Reemplazando en la anterior las tres tensiones antes encontradas, resulta:

$$u = 3\sqrt{2}\ U_1\ sen\ 3\omega t + 3\sqrt{2}\ U_9\ sen\ 9\omega t +$$
$$+ 3\sqrt{2}\ U_{15}\ sen\ 15\omega t + \cdots \quad \textbf{(57)}$$

Esa es la tensión que aparece entre los terminales libres de la figura. Si ahora cerramos el triángulo (en el dibujo no se hizo), esa tensión de la expresión (57) ocasiona corrientes por ser un circuito cerrado. Por lo tanto, si en un triángulo cerrado, que en caso de ser tensiones perfectamente sinusoidales y equilibradas no ocasiona corriente de circulación alguna, en este caso produce en vez corrientes de frecuencias múltiplos de tres. Por ello se dice que **en un circuito en triángulo circulan armónicas múltiplo de tres**, que ocasionan diversos trastornos en los secundarios de transformadores de alta tensión y potencia.

POTENCIA EN POLIARMÓNICAS

En los circuitos monofásicos comunes recorridos por corriente alterna perfectamente sinusoidal (régimen sinusoidal) reconocemos tres tipos de potencias. Recordemos por medio del siguiente grupo de ecuaciones:

Potencia *ACTIVA* en Watt (W) $\qquad\qquad\qquad P = U\,I\,\cos\,\varphi$ **(58a)**

Potencia *REACTIVA* en Volt-Ampere-reactivo (VAr) $\quad Q = U\,I\,sen\,\varphi$ **(58b)**

Potencia *APARENTE* en Volt-Ampere (VA) $\qquad\qquad S = U\,I \qquad$ **(58c)**

En todos los casos interviene la tensión, la corriente y el ángulo de decalaje entre ambas funciones. Para encontrar la potencia en corrientes poliarmónicas, debemos proceder a considerar la **potencia armónica por armónica**, pero con algunas diferencias en relación al caso de régimen sinusoidal. Comenzamos por analizar un caso totalmente general, tomando una tensión poliarmónica y una corriente también poliarmónica, que las escribimos en forma resumida para simplificar:

$$u = U_0 + \sum \sqrt{2}\,U_n\,sen\,\left(n\,\omega\,t + \Psi_n\right) \qquad \textbf{(59)}$$

$$i = I_0 + \sum \sqrt{2}\,I_n\,sen\,\left(n\,\omega\,t + \xi_n\right) \qquad \textbf{(60)}$$

Los ángulos ψ_n y ζ_n son los defasajes de cada una de éstas ondas, en relación con el orígen de tiempos. Recordamos, de los cursos de Electrotecnia, que el valor de la potencia instantánea es:

$$p = u\,i \qquad \textbf{(61)}$$

El valor de la **potencia activa** también recordamos era:

$$P = \frac{1}{2\,\pi} \int_0^{2\pi} p\;dt = \frac{1}{2\,\pi} \int_0^{2\omega} u\,i\;dt \qquad \textbf{(62)}$$

Reemplazando y haciendo las operaciones que resulten (que no las especificaremos), varios términos se anulan y queda finalmente una expresión general del tipo:

$$P = U_0\, I_0 + \sum U_n\; I_n\; cos\,\varphi_n \qquad \textbf{(63)}$$

En esta fórmula, el defasaje es la diferencia de ángulos de defasaje de cada una de las potencias, es decir,

$$\varphi_n = \Psi_n - \xi_n \qquad \textbf{(64)}$$

La fórmula (63) indica que la potencia en poliarmónicas, es la suma de las potencias parciales de cada armónica.

Por un procedimiento análogo se obtiene la **potencia reactiva**, que por supuesto no contiene el término de corriente continua porque resulta nulo en este tipo de potencia;

$$Q = \sum U_n\, I_n\; sen\,\varphi_n \qquad \textbf{(65)}$$

La **potencia aparente** también sale por el mismo procedimiento y es;

$$S = U\, I = \sqrt{\sum U_n^{\,2}}\;\sqrt{\sum I_n^{\,2}} \qquad \textbf{(66)}$$

En base a estas últimas expresiones, tenemos el **factor de potencia** para las poliarmónicas, para el que empleamos la letra **λ** en vez de **φ** para evitar confusiones:

$$cos\,\lambda = \frac{P}{S} = \frac{\sum U_n\, I_n\; cos\,\varphi_n}{\sqrt{\sum U_n^{\,2}}\;\sqrt{\sum I_n^{\,2}}} \qquad \textbf{(67)}$$

Existe un caso particular de las poliarmónicas que reviste interés y es el que se presenta cuando se aplica una tensión sinusoidal de primera armónica solamente, a ciertas impedancias de comportamiento particular, que originan en el circuito una corriente poliarmónica completa.
Veamos las ecuaciones:

$$u = \sqrt{2}\, U_1\; sen\,\omega t \qquad \textbf{(68)}$$

$$i = \sqrt{2}\, I_1\; sen\,\omega t + \sqrt{2}\, I_2\; sen\,(2\omega t) + \cdots + \sqrt{2}\, I_n\; sen\,(n\omega t) \qquad \textbf{(69)}$$

Las potencias activas y aparentes se determina con las fórmulas comunes y resultan de primera armónica solamente, dado que las restantes armónicas tienen potencias nulas.

$$P = U_1 I_1 \cos\varphi_1 \tag{70}$$

$$Q = U_1 I_1 \, sen\,\varphi_1 \tag{71}$$

Pero no ocurre lo mismo con la potencia aparente, dado que al existir varias corrientes de distintas frecuencias, la misma se debe expresar empleando la (66) por medio de la siguiente:

$$S = U\,I = U_1 \sqrt{\sum I_n^{\,2}} \tag{72}$$

Resulta así que el factor de potencia debe ser;

$$\cos\lambda = \frac{P}{S} = \frac{U_1 I_1 \cos\varphi_1}{U_1 \sqrt{\sum I_n^{\,2}}} = \frac{I_1}{\sqrt{\sum I_n^{\,2}}} \cos\varphi_1 \tag{73}$$

Se denomina **factor de contracción** a la cantidad:

$$k = \frac{I_1}{\sqrt{\sum I_n^{\,2}}} \tag{74}$$

Por lo tanto, el factor de potencia del sistema es;

$$\cos\lambda = k \cos\varphi_1 \quad \text{con la condición } k < 1 \tag{75}$$

Estas circunstancias hacen que la conocida expresión de las potencias en un circuito de primeras armónicas solamente, que recordamos es:

$$S^2 = P^2 + Q^2 \tag{76}$$

se transforme ahora en la siguiente;

$$S^2 \geq P^2 + Q^2 \tag{77}$$

Por todo esto, el **Teorema de Bodenau** -que no demostraremos- expresa;

$$S^2 = P^2 + Q^2 + D^2 \tag{78}$$

La cantidad **D** se denomina **potencia de deformación** y por su misma naturaleza física se debe medir en idénticas unidades que la potencia reactiva, es decir, en *Volt-Ampere-reactivo (Var)*.

FORMA DE LA ONDA DE CORRIENTE
EN BOBINAS CON NÚCLEO DE HIERRO

Un interesante caso de corrientes poliarmónicas, es el que se presenta cuando se aplica una tensión de forma alterna sinusoidal -suficientemente perfecta- a una autoinducción con núcleo de aire (bobina con núcleo de aire) de valor **L** en *Henry (H)*. Es de esperar como respuesta una corriente también sinusoidal. Sin embargo, cuando la bobina tiene núcleo de hierro, como sucede en los casos de los primarios de los transformadores, la corriente que circula no es sinusoidal, a pesar de serlo la tensión aplicada. Su análisis se puede hacer con los procedimientos descriptos en el Tema 4 anterior y ahora vamos a presentar sus carácterísticas.

Este fenómeno tiene lugar debido al comportamiento de la permeabilidad del hierro del núcleo. Como sabemos, cuando estudiamos las propiedades de los materiales magnéticos, la curva de la inducción magnética **B** medida en *Tesla (T)* o *Weber por metro cuadrado (Wb/m²)* según la unidad que se use, en función de la intensidad de campo **H** dada en *ampere-vuelta (A)*, no es una función lineal.

A causa de esto, estudiaremos que ocurre cuando aplicamos una tensión sinusoidal en una **bobina con núcleo de hierro** con ayuda de la figura 17.

A la izquierda de figura 17 mostramos la **curva de magnetización** de un material magnético, en que se ha supuesto -por ahora, luego lo agregaremos- que no existen ni las pérdidas por histéresis, ni las pérdidas por corriente parásitas. Los ejes de la representación de la izquierda, que originalmente deben ser la intenisdad de campo **H** y la inducción **B**, cambiando simplemente las escalas, los vemos como **flujo magético φ** y como **intensidad de corriente i**. A la derecha, en otro sistema de coordenadas, dibujamos la onda de la tensión aplicada a la bobina y 90° atrasada, la onda del flujo magético creado, por ser una autoinducción

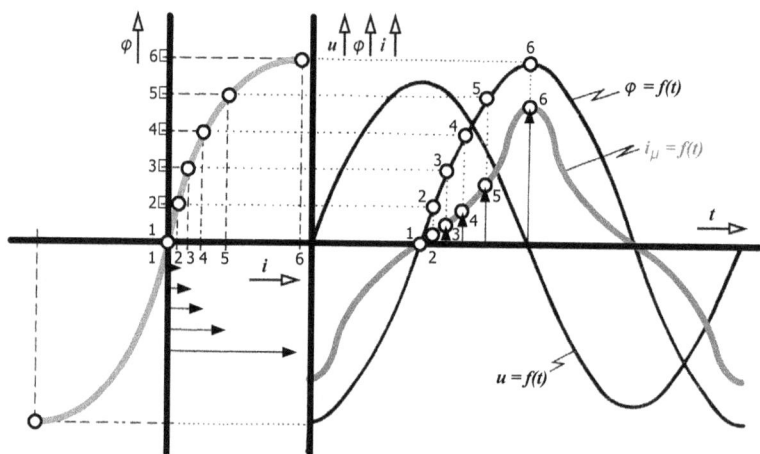

Fig. 17 Forma de la onda de corriente magnetizante

pura **L** sin otro efecto físico.

Hecho esto, procedemos a vincular ambas representaciones, comenzando por el punto **1**. Como allí el flujo es nulo, a la derecha la corriente necesaria es también nula y los dos puntos **1** están superpuestos. Para el punto **2** de la curva magética de la izquierda se requiere una corriente señalada con la absisa **2**, la que llevada a ordenada determina el punto **2** de la corriente. Procediendo de igual manera para los restante puntos que se quieran tomar, se obtiene la curva de la corriente que genera el flujo sinusoidal. Nótese que la onda de corriente no resulta sinusoidal, porque la curva de magnetización de la izquierda no es una recta.

Esta onda la denominaremos en adelante **corriente de magnetización i_μ**. Téngase en cuenta que al no ser una corriente sinusoidal, no es posible representarla por medio de un vector armónico, es decir, un fasor. Pero el error que se comete si así se la considera, es de poca entidad.

Como habíamos advertido antes, todo este razonamiento se hizo considerando que no existían pérdidas en el hierro. Si ahora aceptamos la existencia de las **pérdidas en el hierro**, por ser este fenómeno de naturaleza energética, se representa por medio de una onda de corriente sinusoidal en fase con la tensión aplicada, que la vemos en la figura 18 representada con i_p y que denominamos **componente de pérdidas**.

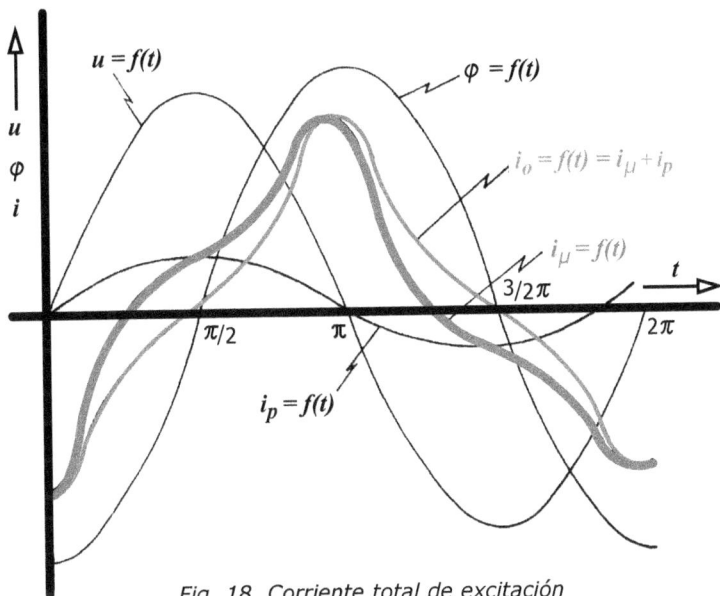

Fig. 18 Corriente total de excitación

La corriente total necesaria será la suma de ambas componenes, es decir, el valor:

$$i_0 = i_\mu + i_p \tag{79}$$

Esta corriente es la llamada **corriente de excitación** de una bobina con núcleo de hierro, suma instante a instante, de la corriente de magnetización mas la componente de pérdidas.

La forma de la corriente de excitación se puede ver en una prueba de laboratorio, empleando un oscilógrafo de rayos catódicos y luego aplicar los procedimientos del tema 4 anterior para determinar sus armónicas.

Ejemplo resuelto nº1

Encontrar el valor eficaz de la siguiente poliarmónica;

$$i = 141,4 \; sen\, \omega t + 70,7 \; sen \, (3\,\omega\, t + 60\,) + 14,14 \; sen \, (7\,\omega\, t - 210\,)$$

Los valores eficaces de cada armónica son;

$$I_1 = \frac{141,4}{\sqrt{2}} = 100 \; A \quad ; \quad I_3 = \frac{70,7}{\sqrt{2}} = 50 \; A \quad ; \quad I_7 = \frac{14,14}{\sqrt{2}} = 10 \; A$$

Aplicando la fórmula (50);

$$I = \sqrt{(100)^2 + (50)^2 + (10)^2} = 112,5 \; A$$

Ejemplo resuelto nº2

Tenemos una tensión;

$$u = 141,4 \; sen \, (\omega t) + 70,7 \; sen \, (3\omega t + 90) + 14,14 \; sen \, (5\omega t - 270)$$

Aplicada a una carga, resulta la siguiente corriente;

$$i = 14,14 \; sen \, (\omega\, t - 30\,) + 7,07 \; sen \, (5\,\omega\, t - 150\,)$$

Se necesita conocer la potencia activa desarrollada.
Aplicando la fórmula (63) obtenemos;

$$P = \frac{141,4}{\sqrt{2}} \times \frac{14,14}{\sqrt{2}} \; cos \, (0 + 30\,) + 0 + \frac{14,14}{\sqrt{2}} \times \frac{7,07}{\sqrt{2}} \; cos \, (-150 - 270\,) =$$

$$= 891 \; Watt$$

Advertimos que el término de tercera armónica resulta igual a cero, porque falta la tercera armónica en la corriente.

Ejemplo resuelto nº3

Se obtuvo en forma gráfica la onda de una tensión, que es simétrica de medio período, como enseña la de figura 19. Se desea conocer el valor de la primera y tercera armónica.

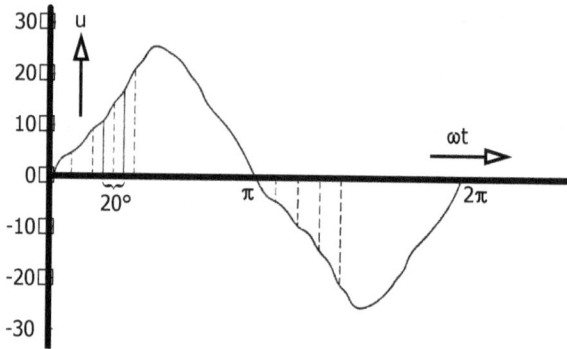

Fig. 19

Se divide el intervalo en tramos de 20º y se toman ordenadas en el centro de cada uno de ellos, midiéndose los valores en la escala de la tensión. Con ellos, se procede a operar. Para facilitar los cálculos y poner mejor en evidencia los procedimientos, organizamos la solución mediante las tablas que se agregan.

TABLA PARA DETERMINAR LA PRIMERA ARMÓNICA

ωt	u	sen ωt	u sen ωt +	u sen ωt −	cos ωt	u cos ωt +	u cos ωt −
10	2,0	0,1736	0,3472	---	0,9848	1,9696	---
30	4,9	0,5000	2,4500	---	0,8660	4,2434	---
50	10,0	0,7660	7,6600	---	0,6428	6,4280	---
70	22,5	0,9397	21,1432	---	0,3420	7,6950	---
90	30,0	1,0000	30,0000	---	0,0000	0,0000	---
110	28,0	0,9397	26,3116	---	- 0,3420	---	9,5760
130	25,0	0,7660	19,1500	---	- 0,6428	---	16,0700
150	20,0	0,5000	10,0000	---	- 0,8660	---	17,3200
170	7,0	0,1736	1,2152	---	- 0,9848	---	6,8936
---	---	---	118,2772	---	---	20,3360	49,8596

TABLA PARA DETERMINAR LA TERCERA ARMÓNICA

ωt	$3\omega t$	u	$sen\ 3\omega t$	$u\ sen\ 3\omega t$ +	$u\ sen\ 3\omega t$ −	$cos\ \omega t$	$u\ cos\ 3\omega t$ +	$u\ cos\ 3\omega t$ −
10	30	2,0	0,5000	1,0		0,860	1,73	---
30	90	4,9	1,0000	4,9		0,0000	0,00	---
50	150	10,0	0,5000	5,0		-0,8660	---	8,66
70	210	22,5	-0,5000	---	11,25	-0,8660	---	19,50
90	270	30,0	-1,0000	---	30,00	0,0000	0,00	---
110	330	28,0	-0,5000	---	14,00	0,8660	24,23	---
130	390	25,0	0.5000	12,5	---	0,8660	21,25	---
150	450	20,0	1,0000	20,0	---	0,0000	0,00	---
170	510	7,0	0,5000	3,5	---	-0,8660	---	6,07
---	---	---	---	46,9	55,25	---	47,61	34,23

Con las ecuaciones (39), (40) y (41) procedemos a calcular.

$$A_1 = \frac{2}{\pi}\sum_{n=1}^{n=9} u\ i\ sen\frac{\pi}{n} = \frac{2}{9}\ 118,2772 = 26,28$$

$$i = \frac{2}{\pi}\sum_{n=1}^{n=9} u\ i\ cos\ \frac{\pi}{n} = \frac{2}{9}\cdot (20,3360 - 49,8596) = -6,56$$

$$C_1 = \sqrt{A_1^{\,2} + B_1^{\,2}} = \sqrt{(26,28)^2 + (-6,54)^2} = 27,08$$

$$y \qquad \theta_1 = tg^{-1}\frac{B_1}{A_1} = tg^{-1}\frac{-6,54}{26,28} = -14°$$

$$A_3 = \frac{2}{\pi}\sum_{n=1}^{n=9} u\ i\ sen\frac{\pi}{n} = \frac{2}{9}(46,9 - 55,25 = -1,86$$

$$B_3 = \frac{2}{\pi}\sum_{n=1}^{n=9} u\ i\ cos\frac{2}{n} = \frac{2}{9}(47,61 - 34,23) = 2,98$$

$$C_3 = \sqrt{A_3^{\,2} + B_3^{\,2}} = \sqrt{(-1,86)^2 + (2,98)^2} = 3,51$$

$$y \qquad \theta_1 = tg^{-1}\frac{B_3}{A_3} = tg^{-1}\frac{2,98}{-1,86} = 122°$$

Con esos valores podemos construir la función pedida.

$$u = 27,08\, sen\,(\,\omega\,t - 14\,) + 3,51\, sen\,(\,3\,\omega\,t + 122\,) =$$
$$= 27,08\, sen\,(\,\omega\,t - 14\,) - 3,51\, sen\,(\,3\,\omega\,t - 58\,)$$

Ejemplo resuelto nº4

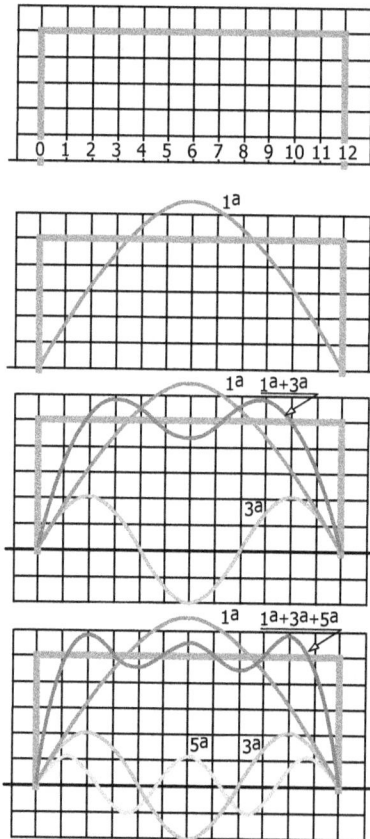

Fig. 20 Análisis de una onda rectangular ("pulso")

En la figura 20 -dibujo superior- tenemos una función rectangular de 5 unidades de altura, del tipo conocido como "pulso".

TABLA PARA DETERMINAR LA PRIMERA ARMÓNICA (FUNDAMENTAL)

u_i	$i\dfrac{\pi}{12}$	$\cos\left(i\dfrac{\pi}{12}\right)$	$u\,\cos\left(i\dfrac{\pi}{12}\right)$	$sen\left(i\dfrac{\pi}{12}\right)$	$u\,sen\left(i\dfrac{\pi}{12}\right)$
5	15º	+ 0,9659	+ 4,82,85	+ 0,2588	+ 1,2940
5	30º	+ 0,8860	+ 4,3300	+ 0,5	+ 2,5
5	45º	+ 0,7071	+ 3,5355	+ 0,7071	+ 3,5355
5	60º	+0,5	+ 2,5	+ 0,8660	+ 4,330
5	75º	+ 0,2588	+ 1,2940	+ 0,9659	+ 4,8295
5	90º	---	---	+ 1	+ 5
5	105º	- 0,2588	- 1,2940	+ 0,9659	+ 4,8295
5	120º	- 0,5	- 2,5	+ 0,8660	+ 4,3300
5	135º	- 0,7071	- 3,5355	+ 0,7071	+ 3,5355
5	150º	- 0,8660	- 4,330	+ 0,5	+ 2,5
5	165º	- 0,9659	- 4,8285	+ 0,2588	+ 1,2940
0	-	-	-	-	-
-	-	-	0	-	+ 37,9780

TABLA PARA DETERMINAR LA TERCERA ARMÓNICA

u_i	$3\,i\dfrac{\pi}{12}$	$\cos\left(3\,i\dfrac{\pi}{12}\right)$	$u\,\cos\left(3\,i\dfrac{\pi}{12}\right)$	$sen\left(3\,i\dfrac{\pi}{12}\right)$	$u\,sen\left(3\,i\dfrac{\pi}{12}\right)$
5	45º	+ 0,7071	+ 3,5355	+ 0,7071	+ 3,5355
5	90º	---	---	+ 1,0	+ 5,0
5	135º	- 0,7071	- 0,5355	+ 0,7071	+ 3,5355
5	180º	- 1,0	- 5,0000	---	---
5	225º	- 0,7071	- 3,5355	- 0,7071	+ 3,5355
5	270º	---	---	- 1	- 5,0
5	315º	+ 0,7071	+ 3,5355	- 0,7071	- 3,5355
5	0º	+ 1,0	+ 5,0000	---	---
5	45º	+ 0,7071	+ 3,5355	-0,7071	+ 3.5355
5	90º	---	---	+ 1,0	5,0
5	135º	- 0,7071	- 3,5355	+ 0,7071	+ 3,5355
0	-	-	-	-	-
-	-	-	0	-	+ 12,0710

TABLA PARA DETERMINAR LA QUINTA ARMÓNICA

u_i	$5\ i\dfrac{\pi}{12}$	$cos\left(5\ i\dfrac{\pi}{12}\right)$	$u\ cos\left(5\ i\dfrac{\pi}{12}\right)$	$sen\left(5\ i\dfrac{\pi}{12}\right)$	$u\ sen\left(5\ i\dfrac{\pi}{12}\right)$
5	75º	+ 0,2588	+ 1,2940	+ 0,9659	+ 4,8285
5	150º	- 0,8660	- 4,3300	- 0,5	+ 2,5
5	225º	- 0,7071	- 3,5355	- 0,7071	- 3,5355
5	300º	+0,5	+ 2,5	- 0,8660	- 4,3300
5	15º	+ 0,9659	+ 4,8285	+ 0,2588	+ 1,2940
5	90º	---	---	+ 1,0	+ 5
5	165º	- 0,9659	- 1,2940	+ 0,2588	+ 1,2940
5	240º	- 0,5	- 2,5	- 0,8660	- 4,3300
5	315º	+ 0,7071	+ 3,5355	- 0,7071	- 3,5355
5	30º	+ 0,8660	+ 4,330	+ 0,5	+ 2,5
5	105º	- 0,2588	- 1,2940	+ 0,9659	+ 4,8285
0	-	-	-	-	-
-	-	-	0	-	+ 6,5140

Se desea obtener la "*composición armónica*" limitada a la fundamental, tercera armónica y quinta armónica. En los tres dibujos inferiores de figura 20, observamos el proceso de descomposición conforme las diversas armónicas. Como en el caso del ejemplo nº 3, trabajamos con tablas descriptas anteriormente para organizar el trabajo.

Dividimos el período en 12 partes iguales. La altura de la función es de 5 unidades.

Con estos valores determinamos las cantidades necesarias

$$A_1 = \frac{2}{12} \times 0 = 0$$

$$B_1 = \frac{2}{12} \times (+37,9780) = +6,3296$$

$$C_1 = \sqrt{0^2 + 6,3296^2} = 6,3296$$

$$\varphi_1 = tg^{-1}\frac{A_1}{B_1} = 0$$

$$A_3 = \frac{2}{12} \times 0 = 0$$

$$B_3 = \frac{2}{12} \times (+12,071) = +2,0116$$

$$C_3 = \sqrt{0^2 + 2,0116} = 2,0116$$

$$\varphi_3 = tg^{-1} \frac{A_3}{B_3} = 0$$

$$A_5 = \frac{2}{12} \times 0 = 0$$

$$B_5 = \frac{2}{12}(+6,5140) = +1,0857$$

$$C_5 = \sqrt{0^2 + 1,0857^2} = 1.0857$$

$$\varphi_5 = tg^{-1} \frac{A_5}{B_5} = 0$$

Podemos ahora conocer la ecuación correspondiente.

$$u = 6,32 \, sen \, \omega \, t + 2,01 \, sen \, 3 \, \omega \, t + 1,09 \, sen \, 5 \, \omega \, t$$

APÉNDICE

BIBLIOGRAFÍA CONSULTADA

"Matemática Avanzada para Ingeniería"
Peter V. O'Neil
Compañía Editorial Continental S.A. (CECSA)

"Análisis Básico de Circuitos Eléctricos"
D. E. Johnson, J. L. Hilburn, J. R. Johmson y P. D. Scott
Prentice Hall

"Circuitos Eléctricos"
Joseph A. Edminister y Mahmood Nahvi
Schaum - Mc Graw Hill

"Introducción al Análisis de Circuitos"
D. Scot
Mc Graw Hill

"Circuitos Eléctricos: introducción al análisis y diseño"
Dorf Svobade
Alfaomega Grupo Editor

"Circuitos en Ingeniería Eléctrica"
Hugh Hildreth Skilling
Compañía Editorial Continental S.A. (CECSA)

"Circuitos Eléctricos"
Carl H. Durney, L. Dale Harris y Charles L. Alley.
Compañía Editorial Continental

"Circuits, Devices and Systems"
Ralph J. Smith.
John Wiley & Sons

"Apuntes de Electrotecnia Cátedra 45.01"
Profesor ing. S. Luis Gracia Nuñez
Centro de Estudiantes de Ingeniería. (Universidad de Buenos Aires)

"Circuitos Eléctricos y Magnéticos"
Erico Spinadel
Editorial Nueva Librería

AUTOR

MARCELO ANTONIO SOBREVILA

Ingeniero Mecánico y Electricista argentino, graduado en 1948 en la Universidad Nacional de La Plata, República Argentina, con estudios de posgrado en el exterior en calidad de becario de UNESCO. Como profesional de la ingeniería se desempeñó durante treinta años en varias empresas privadas de Argentina, participando en proyectos y dirección de obras de grandes emprendimientos en ese país, con carácter de ingeniero consultor.

Paralelamente y a tiempo parcial practicó la docencia universitaria, pasando por todas las posiciones de la carrera docente hasta profesor titular, mediante concursos públicos de oposición en las universidades nacionales de La Plata, Buenos Aires y Tecnológica Nacional, y en las privadas Instituto Tecnológico de Buenos Aires y Universidad de Belgrano. Llegó a decano de facultad y rector de universidad. Tiene trabajos publicados de investigación en el campo de la didáctica de la educación técnica.

Actualmente es académico en la Academia Nacional de Educación de Argentina ocupando el sitial "Bartolomé Mitre" y es miembro, en su calidad de ex decano, del Consejo Federal de Decanos de la República Argentina. Recibió en 1990, en Washington, el premio "Vector de Oro" otorgado por la Unión Panamericana de Ingenieros en base a su trayectoria como educador y recibió el premio al mejor trabajo en el 4° Congreso de Políticas de la Ingeniería, del Centro Argentino de Ingenieros en 1998.

Ha sido autor de numerosos libros de texto y últimamente, está volviendo a editar alguna de esas obras modernizadas y actualizadas, entre las que se encuentran "Instalaciones Eléctricas", "Máquinas Eléctricas", "Electrotecnia" y "Teoría Básica de la Electrotecnia". Es autor de más de 80 artículos en revistas especializadas y en periódicos.